课堂外的数学

〔韩〕朴炫贞 / 著 〔韩〕金淑镜 / 绘 江凡 / 译

云南出版集团 晨光出版社

阿虎、小兔、阿狸和小粉遇到了不会做的数学题，他们想去请教老师，却发现老师不见了！办公室里，老师的手提包掉落在地上……
老师不见了！
这里有脚印，咱们跟上去看看！
老师会不会遇到什么坏人了？
❺ 帕特农神庙的秘密
❻ 花纹中的秘密
❼ 统计图表中的秘密
❽ 日历中的秘密

出发
快走，我们一定要
找到老师！
❶ 数字诞生的秘密
❷ 金字塔的秘密
❸ 图画中的秘密
❹ 泰姬陵的秘密
❾ 条形码的秘密
1234567891231
❿ 石头剪刀布的秘密
⓫ 形状的秘密

数字诞生的秘密

这是在古巴比伦王国遗址发现的黏土板。古巴比伦王国位于底格里斯河与幼发拉底河下游的美索不达米亚地区。当时的人们用削尖的芦苇杆或类似的尖利物在黏土上刻上文字，这些文字被称为“楔形文字”。这块被发现的黏土板上刻着1~60的数字，这意味着在很久很久以前的古巴比伦王国，人们就已经开始使用数字了。

还以为是一些普通的花纹，没想到竟然是数字！

概念梳理

今天我们使用的数字叫“阿拉伯数字”，事实上，阿拉伯数字起源于古印度，后来被阿拉伯人带到欧洲，由此被称为阿拉伯数字。阿拉伯数字包括从0到9的10个数字。

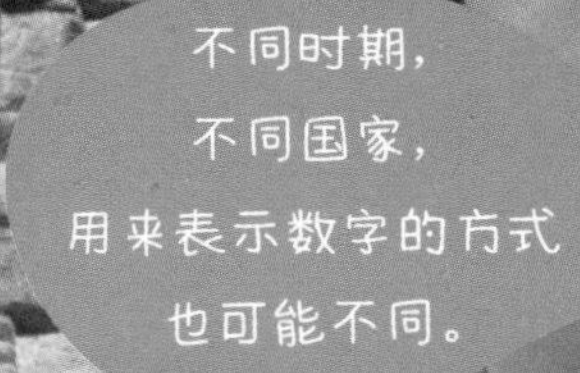

《用轻黏土做数字板》

❶ 先用轻黏土做一块比较平整的板子。

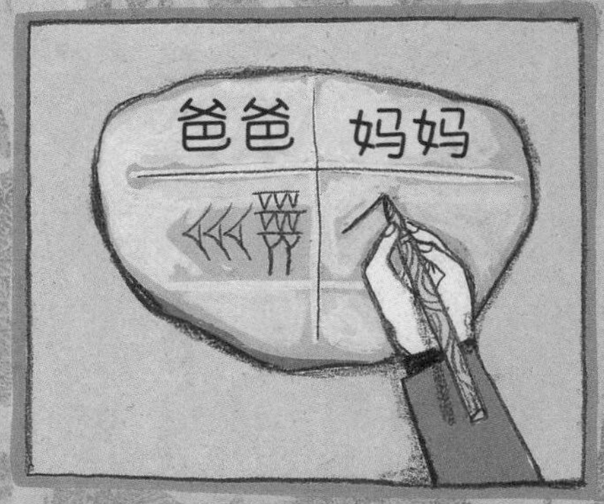

❷ 用尖头的树枝或其他工具，对照左边的图表，用古巴比伦时期的数字记录法，写下爸爸和妈妈的年龄吧！

* 使用尖头工具时要注意安全。

一起看世界

古代的数字都长什么样？

在阿拉伯数字被发明和广泛使用之前，每个国家使用的数字都不一样。我们一起来看看世界各地的古代数字吧！

◀ 古埃及人用于随木乃伊一同下葬的《亡者之书》里也能找到不少数字

古埃及的数字

古埃及人用竖条来表示 0 到 9 的数字，从数字 10 开始，会用其他不同的图形来表示，甚至连 1000，10000，100000 和 1000000 都有特定的图形。

▼ 古埃及人使用的数字

1 2 3 4 5 6 7 8 9 10 100

1000

10000

100000

1000000

▼ 展示玛雅人计算方法的资料

▲ 玛雅人使用的数字

玛雅数字

玛雅人使用点和线条来表示1到20的数字。玛雅人使用类似贝壳形状的符号表示0，对今天的数字0有很大影响。

阿拉伯数字

阿拉伯数字由古印度人发明，被阿拉伯人传到欧洲，现在是全世界通用的数字。古印度人最开始用实心的圆点来表示0，慢慢地发展成了小圆圈样式的0。0的出现，使数字体系变得更加完整。

什么是“进制”？

数数时，我们常有一些特定的计数法。比如数鱼的数量时，可能会把鱼穿成串，10 条一串，或 20 条一串这样数；数日期时，可能会以一周 7 天为单位来数……这样的方式就是数的进制。

进制有很多种，有二进制、五进制、十进制等。不同时期，不同国家，使用的进制也可能不同。

什么是“十进制”？

十进制是指用 0，1，2，3，4，5，6，7，8，9 来计数，每数 10 个就向前进一位的计数方法。

十进制之所以被大多数国家采用，很可能是因为在很久以前，人们都是通过 10 根手指来数数或计算的。测量长度的单位米、千米也是十进制单位。

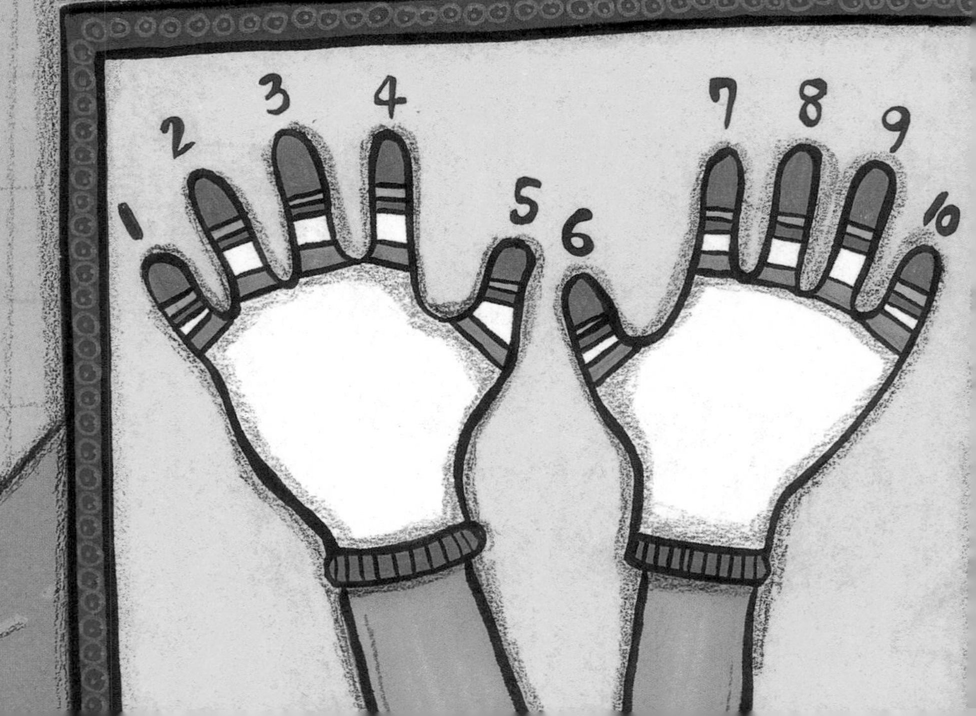

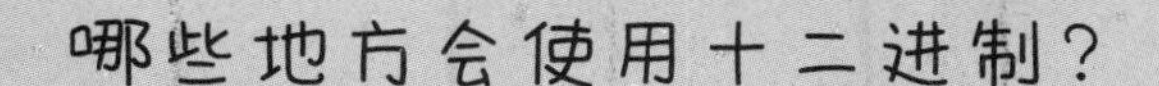

哪些地方会使用十二进制？

把 12 件物品放在一起作为一个单位，这样的单位叫作“打”。“一打铅笔”指的是“12 支铅笔”，这就是十二进制。数年份的时候也会使用十二进制，因为一年由 12 个月组成。

你们看，
这里有一个四棱锥，
这是老师办公室里
的教具啊！

时间使用的是六十进制吗？

六十进制主要在时间单位中使用。1 小时有 60 分钟，1 分钟有 60 秒。而在我国历史悠久的“天干地支纪年法”中，用十天干与十二地支依次相配，组成 60 个基本单位，60 年为一循环，周而复始，其实也是六十进制。

金字塔的秘密

这里是埃及，埃及作为人类文明的发源地之一，在贫瘠的沙漠环境之中，留下了许多宏伟的遗迹，金字塔就是其中之一。金字塔是用石块堆砌成的巨大建筑，是古埃及法老、王妃或王族的陵墓。为什么金字塔要建成四棱锥的模样呢？

概念梳理

立体图形根据底面的个数和侧面的形状，大致可分为柱体、锥体和球体，还可以分为由多边形所围成的多面体和由平面图形旋转得到的旋转体。

身体力行 学习数学

《用沙子做金字塔》

❶ 在纸上画一个金字塔，并在上面涂满胶水。

❷ 在涂有胶水的位置上撒上沙子，完成图画。

一起看世界

与立体图形相似的建筑有哪些？

世界上许多国家都有与各种立体图形相似的建筑，我们一起去看看吧！

圆柱

圆柱由 2 个圆形底面和 1 个曲形的侧面组成。2 个底面互相平行且大小相等。

类似圆柱的建筑

这是韩国庆州市的瞻星台，也是目前亚洲现存最古老的天文台。韩国人的祖先曾在这里通过观测云气及星座等天象，记录季节和天气的变化。

▲ 瞻星台（韩国庆州）

◀ 宝马总部大楼（德国慕尼黑）

好像一个个易拉罐堆在一起啊！

像很多圆柱堆在一起的建筑

这是坐落在德国慕尼黑的宝马汽车公司总部大楼，看上去像是由很多个圆柱堆在一起组成的。

正方体和长方体

正方体有 6 个面，每个面都是正方形，每个面大小相同。长方体也有 6 个面，每个面一般都是长方形，也可能有两个相对的面是正方形。

▲ 立体方块屋（荷兰鹿特丹）

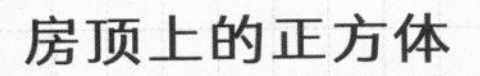

房顶上的正方体

这是位于荷兰鹿特丹的立体方块屋，由几十个大小相同的正方体倾斜连接而成，样子非常独特。这些立方体的房屋中，有的是居民住宅，有的是商店。

类似长方体的建筑

凡尔赛宫是法国巴黎著名的宫殿之一，外形类似长方体的凡尔赛宫前身是法国国王路易十三修建的狩猎行宫，后由儿子路易十四在此基础上扩建而成。作为欧洲文化的代表建筑，凡尔赛宫以华丽和雄伟著称，被联合国教科文组织列为世界文化遗产。

▼ 凡尔赛宫（法国巴黎）

球体

像球一样的立体图形被称为球体。足球、篮球和地球仪等都是球体。

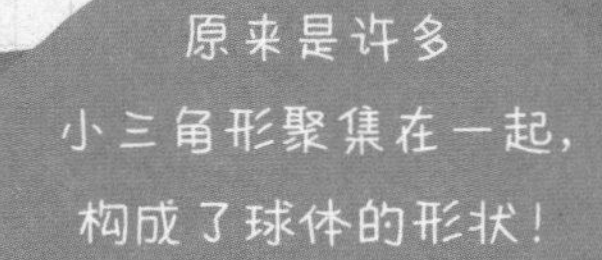

◀ 蒙特利尔生物圈（加拿大魁北克省）

类似球体的建筑

蒙特利尔生物圈位于加拿大蒙特利尔的让维普公园，是一座自然生态博物馆。从远处看，它就像一个巨大的球体，走近后，会发现它是由许多三角形的框架互相连接而成。

▼ 大连建筑艺术馆

像足球一样的建筑

这个由五边形和六边形组成的外观酷似足球的建筑，是位于我国辽宁省大连市劳动公园内的建筑艺术馆。它是彰显大连足球城市文化的代表性建筑，也是大连最著名的地标性建筑之一。

四棱锥的建筑

除了前面讲到的金字塔，还有一座类似四棱锥的建筑，那就是美国旧金山的泛美金字塔，它是旧金山第二高的建筑，看上去就像一座细长的金字塔落在了楼顶。

正多面体一共有几种?

正多面体是指每个面的形状和大小都相同，且每个顶点所在的面的个数都相等的立体图形。

根据面的个数不同，可以分为正四面体、正六面体（正方体）、正八面体、正十二面体和正二十面体。其中正四面体、正八面体和正二十面体分别是由 4 个、8 个和 20 个正三角形组成的立体图形。而正六面体（正方体）则是由 6 个正方形组成，正十二面体由 12 个正五边形组成。

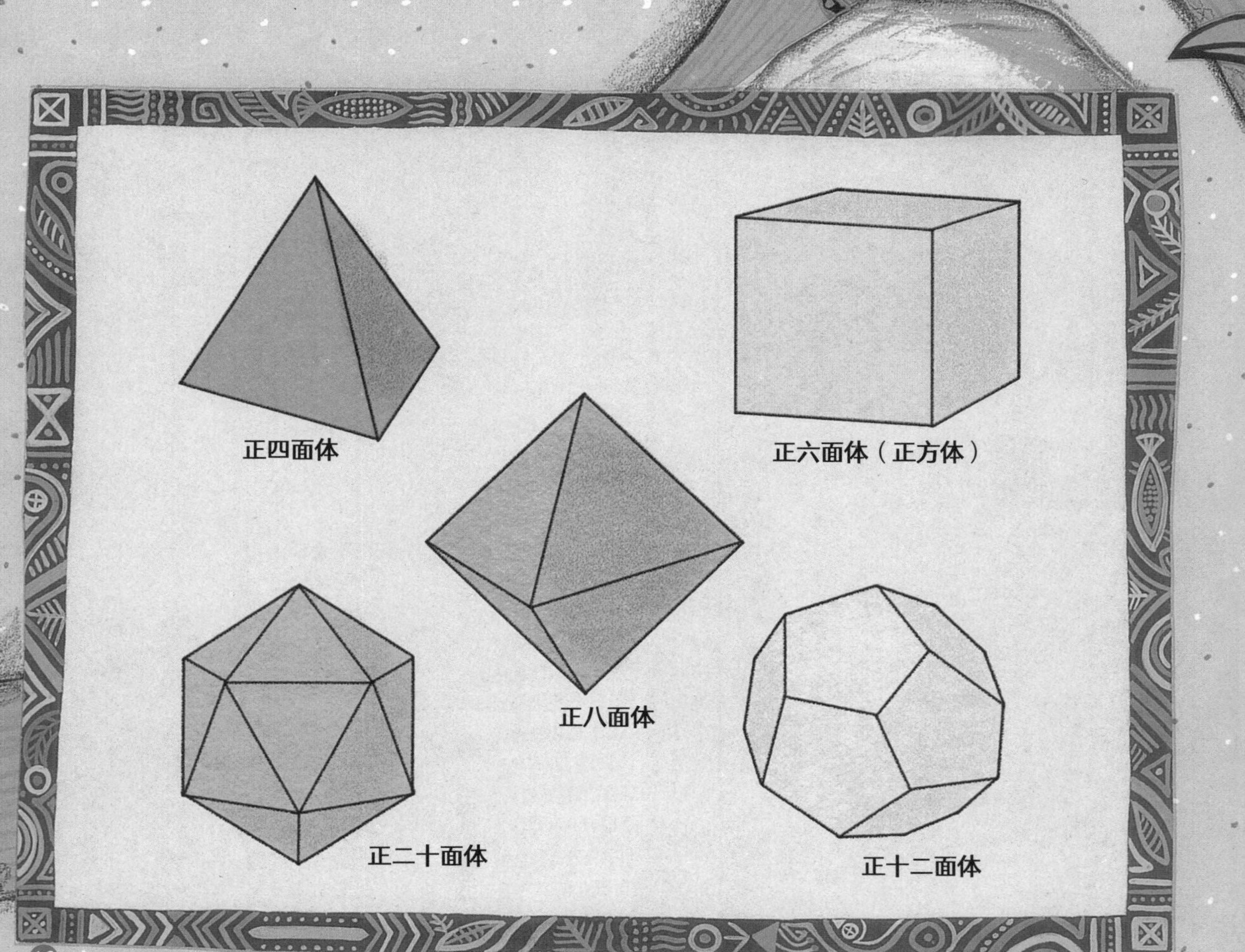

为什么金字塔非常坚固？

经过漫长的岁月，金字塔依然坚固地屹立在大地上，这意味着它的建筑结构非常稳固。

通过测量，人们发现，金字塔的倾斜角度约等于51度。我们可以做一个小实验，把干燥的沙子握在手里，让沙子一点点地漏出，堆成一个小山的形状，直到沙子开始顺着斜坡下滑为止，这时沙堆的倾斜角度就约等于51度。也就是说，当时的埃及人用最稳固的倾斜角度建造了金字塔。

图画中的秘密

这是德国著名画家阿尔布雷特·丢勒在1514年创作的一幅铜版画，名为《忧郁Ⅰ》。

这幅画中暗藏着有趣的秘密，在画面右上角的方格里有许多数字，令人惊奇的是，无论是横向、纵向还是对角线上的数字，相加之后的和都是34。这样的数阵其实有一个名字，叫“幻方”。

概念梳理

加法是指将两个或两个以上的数合起来变成一个数的计算方法。幻方需要用加法来理解和验证，在正方形中填上整数，使得横向、纵向及对角线上的数字相加后得数相等，这样排列的数阵就是幻方。

身体力行 学习数学

《圆球幻方》

❶ 准备一个鸡蛋托，剪成横向、纵向都是 3 格的形状。

❷ 准备 9 个小球，分别写上 1~9 的数字，把小球放进鸡蛋托的格子里，使得横向、纵向及对角线上的数字相加后都等于 15。

一起看世界

还有哪些画中暗藏着幻方?

除了德国画家丢勒的作品《忧郁Ⅰ》，还有一些绘画作品中也暗藏着幻方原理。

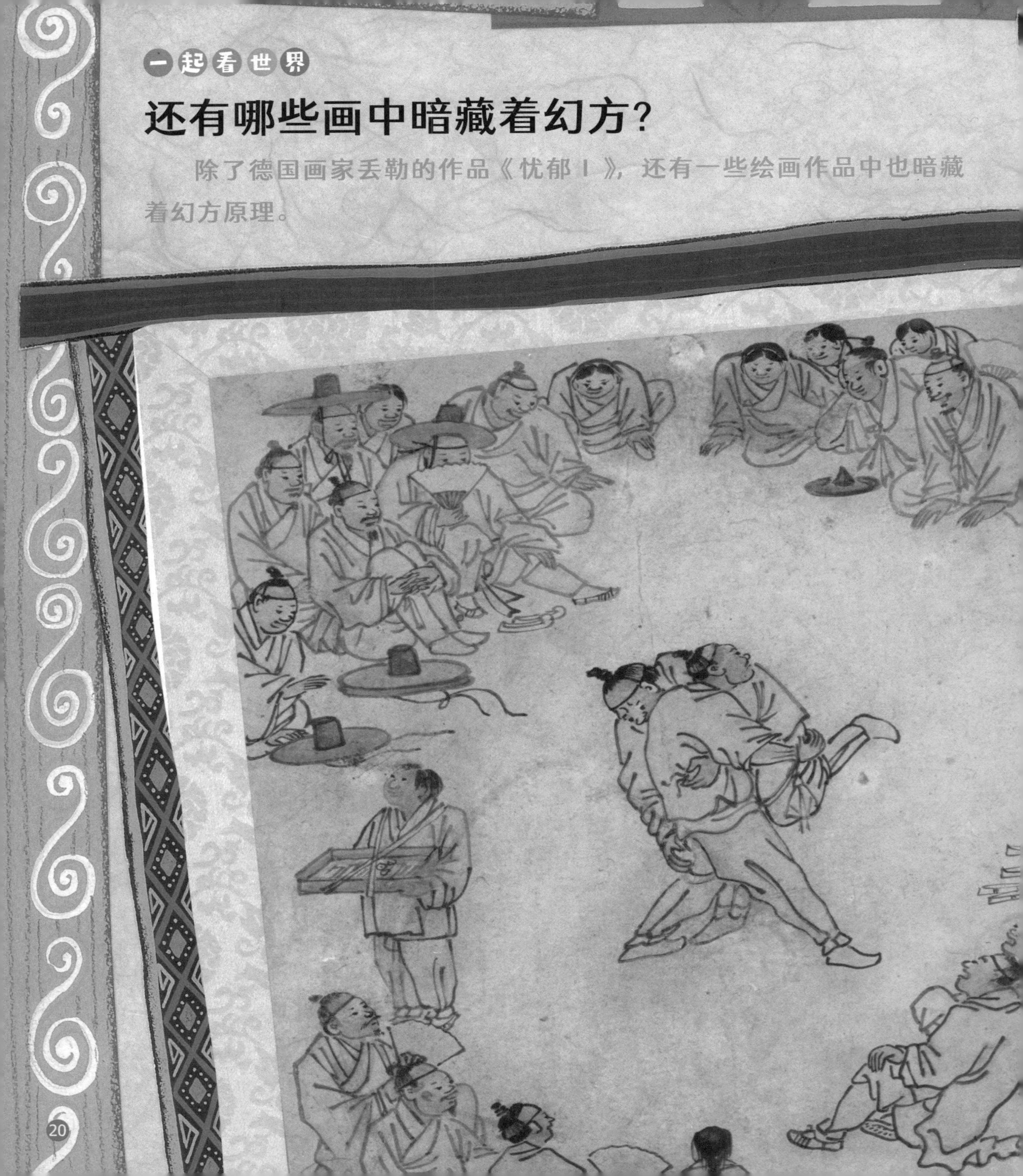

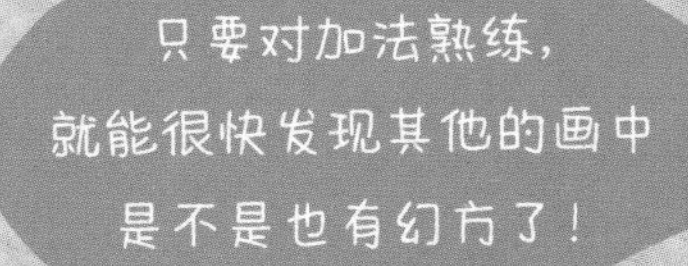

金弘道的《摔跤图》

金弘道是朝鲜时期的画家，留下了许多描绘当时美丽自然风光的山水画和反映市民有趣生活的民俗画。这幅《摔跤图》就是其中有代表性的画作之一，描绘了人们摔跤的场景。画面中有两个人在摔跤，许多人在周围观看。

◀《摔跤图》金弘道
（出处：韩国国立中央博物馆）

8 5
2
5 2

这些围观的
人表情也很
丰富啊！

《摔跤图》中暗藏的幻方

把这幅画中两条对角线上的人数分别相加，5＋2＋5=12，8＋2＋2=12，得数相等。可见这幅画中也有幻方原理呢！

最早的幻方出现在什么时候？

我们都听过大禹治水的故事，其实还有另一个传说，据说大禹在治理洛河水患时，一只巨大的乌龟出现在洛河中，这只乌龟的背上有着奇特的图案，仔细一看，无论是横向、纵向还是对角线上的点数相加后都相等。大禹认为这只神龟是上天赐给他的，他根据龟背上图案的规律，研究出了治理水患的方法，并把天下划分为九州。

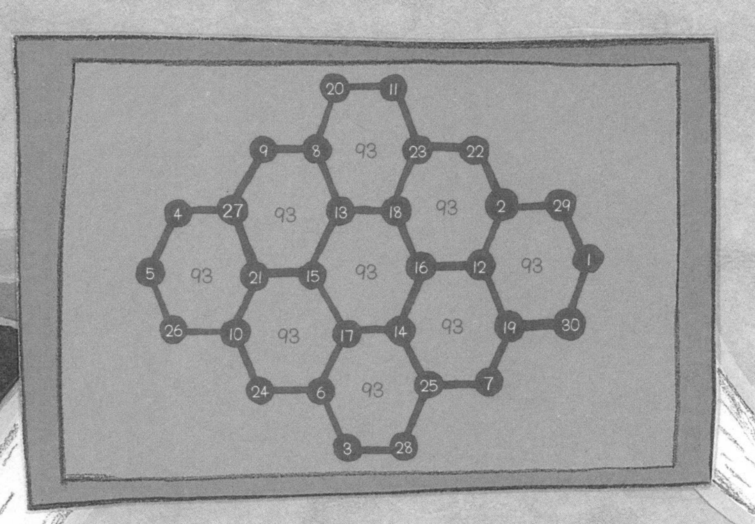

地数龟文图

朝鲜时期的数学家崔锡鼎将 1~30 的数字不重复地排列在 9 个六边形的顶点上，每个六边形顶点上的数字相加后和都是 93。因为这些六边形与龟壳的形状相似，因此这个幻方被称为“地数龟文图”。

还有哪些种类的幻方？

曾经，人们认为幻方中的数字排列非常神秘，于是把一些幻方作为驱赶鬼怪的符咒。经过岁月的变迁，幻方的种类越来越多。如每条线上的数字之和都是 26 的“星星幻方”；每个面上横向和纵向的数字之和都是 42 的“正方体幻方”；还有每个圆上的数字之和都是 34 的“圆形幻方”等。

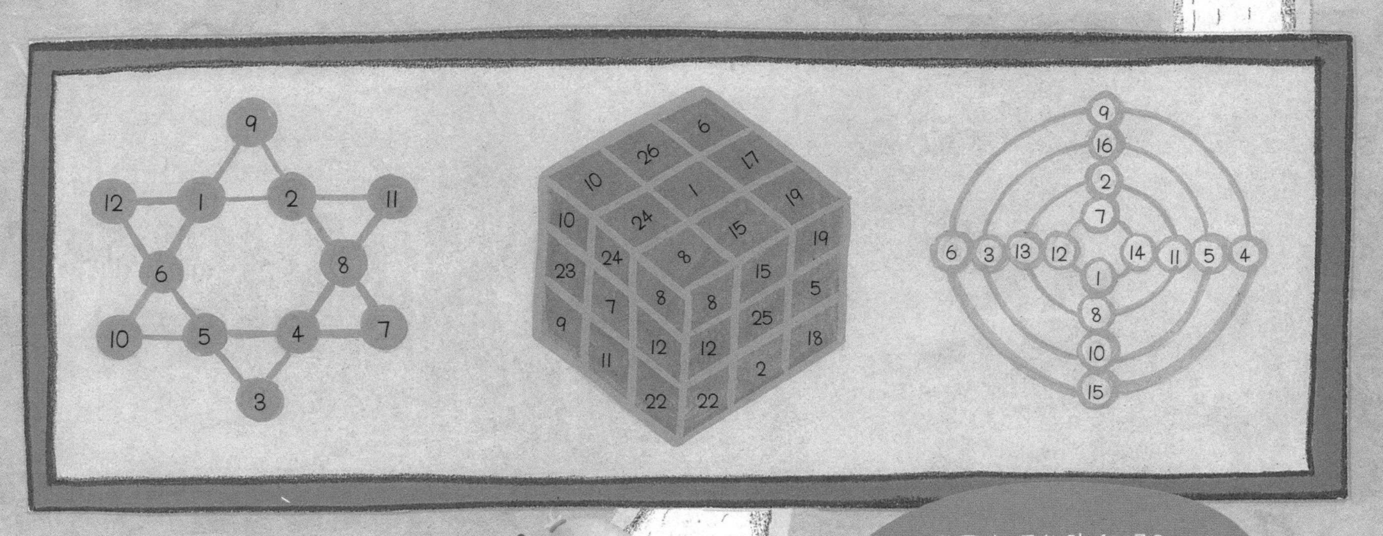

这是老师的脚印吗？
脚印的形状一样，只是位置相反。
我们跟上去看看吧！

泰姬陵的秘密

照片中就是印度最著名的建筑之一泰姬陵。它是莫卧儿帝国的皇帝沙·贾汗为了纪念自己去世的王妃穆塔兹·马哈尔而修建的陵墓，1983 年被联合国教科文组织列为世界文化遗产。整个建筑用白色大理石修建而成，墙面镶嵌着无数珍贵的宝石。除此之外，泰姬陵的整个建筑，包括连接入口的长条水池以及两旁的庭院都是完全对称的。

哇，左边和右边
真的完全一样！

概念梳理

对称是指以一条直线或一个点为基准，两边的图形可以完全重合。如果沿着一条直线对折后，两边的图形完全重合，这个图形就叫“轴对称图形”；如果以某个点为中心，旋转 180° 后与原图形完全重合，这个图形就叫“中心对称图形”。

身体力行 学习数学

《画蝴蝶》

❶ 把纸对折后打开，在纸的一边用颜料画出蝴蝶一侧的翅膀，再把纸对折合上，使劲按压。

❷ 打开纸后，一只左右对称的蝴蝶就画好了。

我们国家有对称式的建筑吗？

在北京的故宫博物院里，有许多像泰姬陵一样对称的建筑。比如照片中的太和殿，就是沿着中轴线左右对称的。

水果中也有对称吗？

把苹果、橙子等水果从中间切成两半，我们会发现它们的横切面几乎是对称的。看看右边照片中的苹果，你能说出它的对称轴在哪里吗？

对称的脸会更好看？

虽然每个人的长相都有差异，但是我们的身体和脸几乎也是左右对称的。人们通过用照片做实验等方式发现，人的左脸和右脸越接近对称，看起来就会越好看，越有魅力。甚至用猴子作为实验对象，也得出了这样的结论哟！

这里有一张神庙的邀请卡，会不会是老师留下的呢？

帕特农神庙的秘密

照片中的建筑是位于希腊雅典卫城的帕特农神庙，它是供奉雅典娜女神的最大神庙，兴建于公元前 5 世纪左右，是古希腊遗迹之一。除此之外，帕特农神庙还有一个不可思议的秘密：它的高和宽有着最完美的比例，这个比例就是著名的“黄金分割比”。什么是黄金分割比呢？

概念梳理

将一个整体一分为二，较大部分与整体的比值，等于较小部分与较大部分的比值，这个比值约为 0.618，这就是黄金分割比。这个比例被公认为是最具有美感的比例。

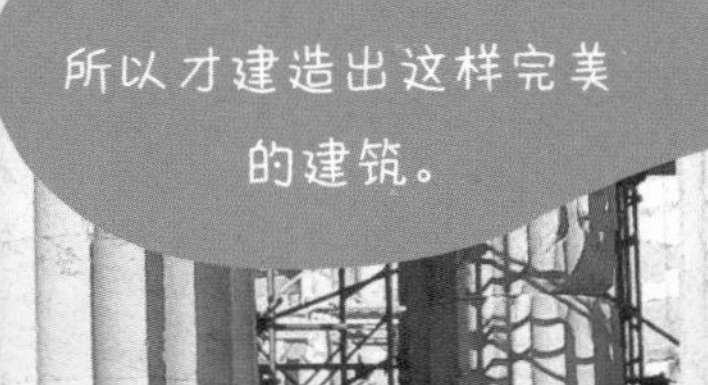

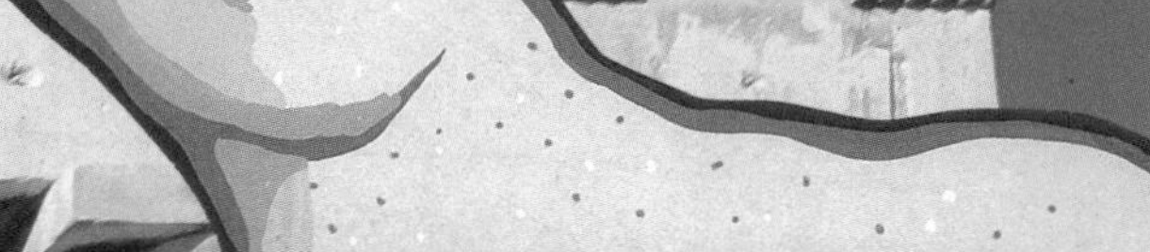

身体力行 学习数学

《制作明信片》

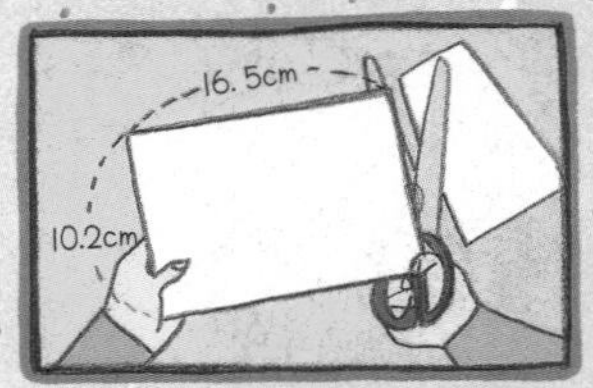

❶ 剪一块长为 16.5cm，宽为 10.2cm 的纸，做一张尺寸接近黄金分割比的明信片，也可以直接使用 61 页的空白明信片。

❷ 在明信片的正面画上帕特农神庙，涂上颜色。

❸ 在背面写上你想说的话，把明信片送给好朋友。

符合黄金分割比的艺术品还有哪些？

除了帕特农神庙，在许多建筑物和艺术作品中，都可以发现黄金分割比。我们一起来看看吧！

多亏了黄金分割比，雕塑看起来更有美感了！

具有黄金分割比的雕塑

这座雕塑名为《贝尔维德雷的阿波罗》，现在收藏于意大利罗马的梵蒂冈博物馆，是一座大理石复制品。原作为铜雕，由希腊雕塑家莱奥卡雷斯在公元前 4 世纪左右创作。雕塑的上半身与下半身的长度比例接近 0.618 的黄金分割比。

◀雕塑《贝尔维德雷的阿波罗》

▲ 雄狮凯旋门（法国巴黎）

雄狮凯旋门

这是法国巴黎的雄狮凯旋门，是法国的标志性建筑之一。它是法国皇帝拿破仑一世为纪念战争胜利而修建的。雄狮凯旋门宽和高的比例接近黄金分割比。

世界名画《蒙娜丽莎》

这是文艺复兴时期的意大利艺术家列奥纳多·达·芬奇创作的油画《蒙娜丽莎》，现收藏于法国巴黎卢浮宫博物馆。这幅画中到处都隐藏着黄金分割比：蒙娜丽莎五官的比例、头宽和肩宽的比例等。

▶ 油画《蒙娜丽莎》

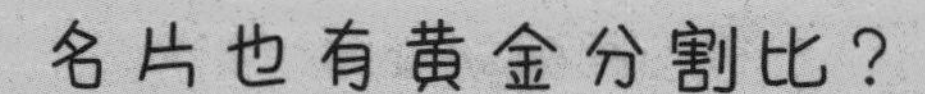

名片也有黄金分割比？

名片是写有姓名、职务、联系方式等信息的长方形卡片，在向初次见面的人介绍自己时，递上一张名片是很常见的方式。名片一般被做成方便拿在手中并可以放进钱包的大小。如果仔细研究它的长宽比例，会发现也很接近黄金分割比。

身份证的黄金分割比

你有自己的身份证吗？身份证是用来证明我们公民身份的证件，上面有姓名、性别、民族、出生年月日、身份证号、照片等信息。它的长为 8.56cm，宽为 5.4cm，算一算，也很接近黄金分割比呢！

名信片的黄金分割比

我国标准明信片的尺寸有两种，其中长为 16.5cm、宽为 10.2cm 这一尺寸的明信片，完美地与黄金分割比吻合。其实在生活中，很多地方都隐藏着这样完美的比例，采用这一比例设计出来的东西，总是能给人带来美感。

花纹中的秘密

这里是位于伊朗伊斯法罕的伊玛目清真寺，它的窗户很有特点，就像用图章一个个盖出来的一样，整齐一致。

概念梳理

将图形平移、翻转或旋转后进行有规律地排列，就可以得到各种各样的花纹。

身体力行 学习数学

《画一个梳齿纹的陶器》

❶ 画一个陶器，如图用蜡笔涂色。

❷ 用黑色的蜡笔在上面再涂一遍颜色。

❸ 用尖头的木棍或其他工具刻划出有规律的梳齿纹。

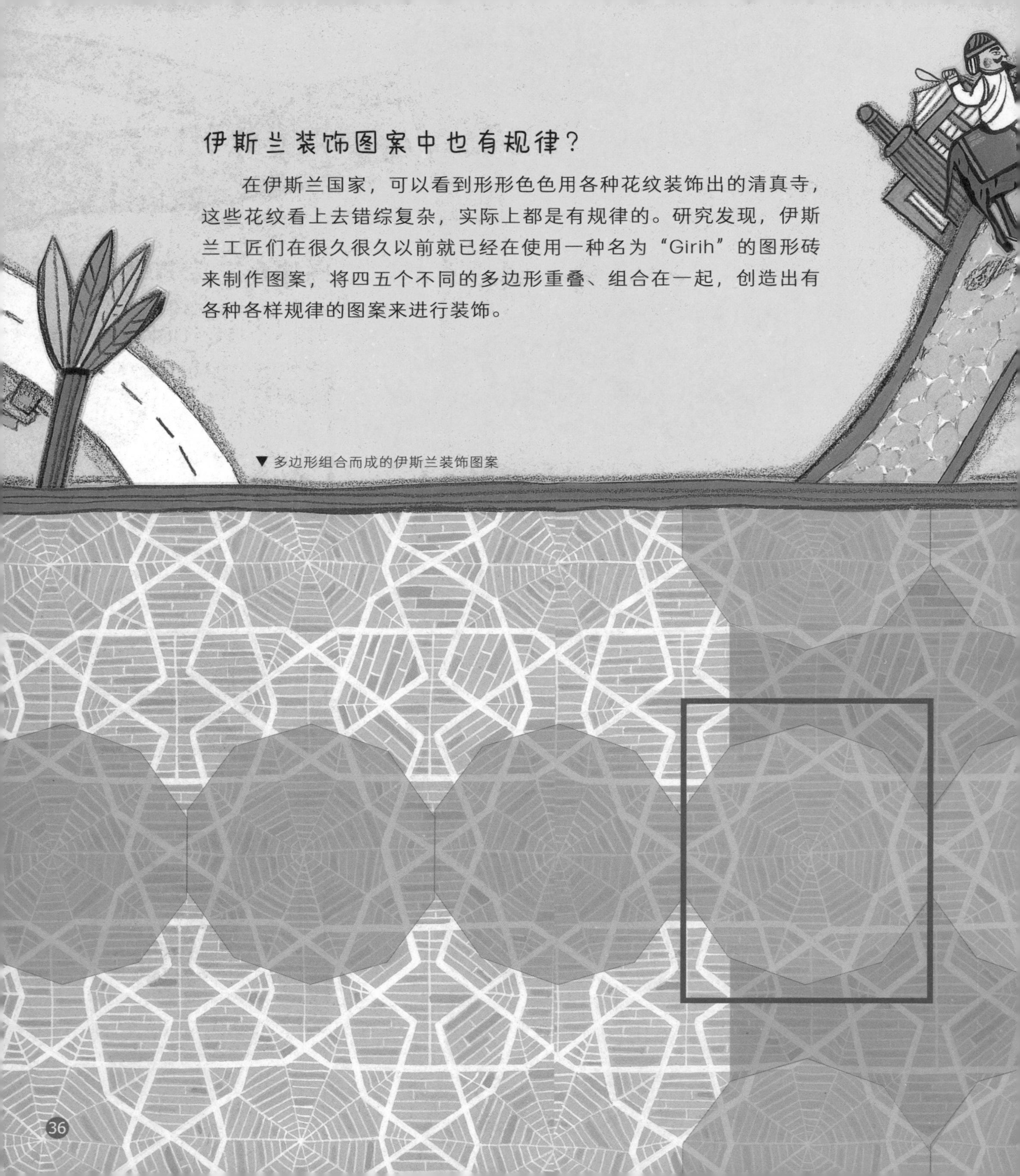

伊斯兰装饰图案中也有规律？

在伊斯兰国家，可以看到形形色色用各种花纹装饰出的清真寺，这些花纹看上去错综复杂，实际上都是有规律的。研究发现，伊斯兰工匠们在很久很久以前就已经在使用一种名为“Girih”的图形砖来制作图案，将四五个不同的多边形重叠、组合在一起，创造出有各种各样规律的图案来进行装饰。

▼ 多边形组合而成的伊斯兰装饰图案

绘画作品中的规律

这是美国艺术家、电影制片人安迪 · 沃霍尔的代表作之一，32 幅《坎贝尔浓汤罐》，他画出了 32 种口味的浓汤罐头，看上去就像是通过平移的方式重复使用圆柱体的形状画出来的一般。安迪 · 沃霍尔通过这幅作品向我们很好地诠释了如何将数学规律应用在艺术作品中。

统计图表中的秘密

这是一张降雨量的统计图表。降雨量是指在一定时间内，降落到某一区域地面的雨水的深度，一般以毫米为单位。下面这个降雨量的条形图，让我们清楚地了解到一年中各个时期的降雨量，可以方便人们提前为应对洪水、泥石流等自然灾害做准备。除了条形图外，根据调查内容的不同，也可以选择其他形式的图表进行绘图说明。

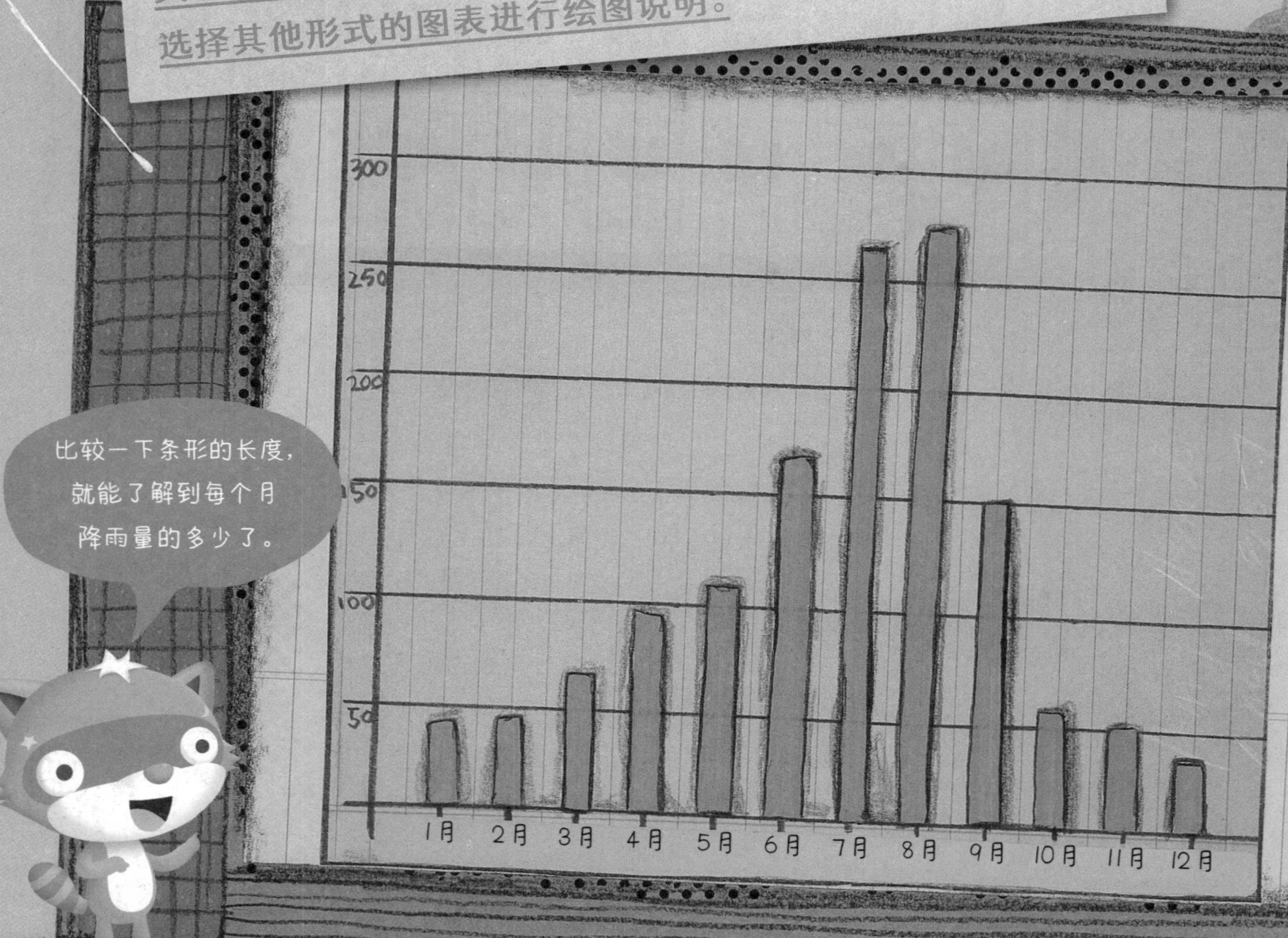

图表可以让我们对各种调查数据一目了然，大致分为条形图、折线图和扇形图等几种。

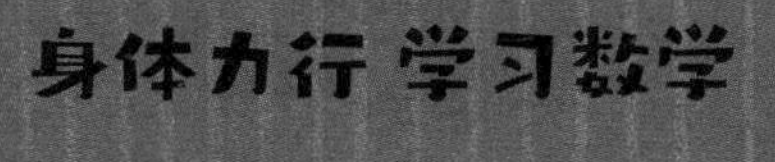

《学做气象报纸》

❶ 参照左页的图表，在纸上画一个表示降雨量的条形图。

❷ 在图表下方写一写关于这一地区月平均降雨量的相关报道吧！

看来夏天果然
降雨量更多呀！

一起看世界

各种各样的统计图表

通过图表的方式，可以将一些看似复杂的问题清晰地展现出来。根据内容性质的不同，可以选择不同种类的图表。

图画表

这一类型的图表并不常用，但看上去很有趣，它是用图案的大小和个数来表示数量多少的一种图表形式。根据内容的不同，可以选用不同的图案。比如右边这个图画表用来说明各个村庄的柑橘产量，所以就选用了柑橘的图案。

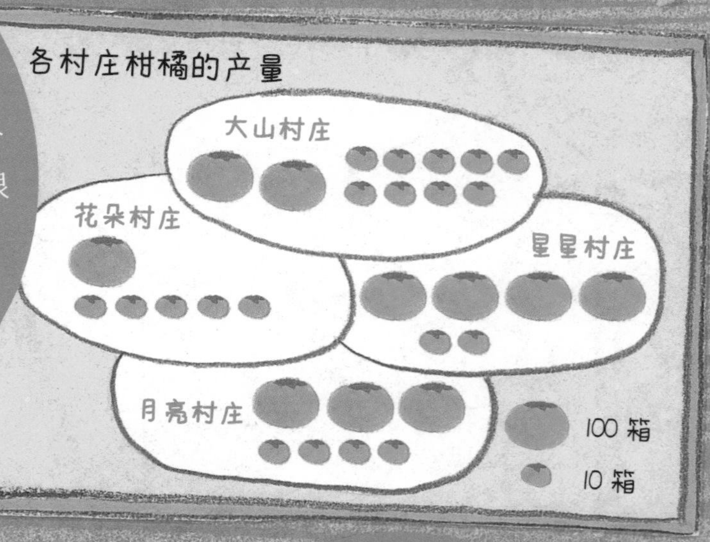

折线图

想要表现短时间内气温的变化，选用折线图，就可以一目了然地看出随着时间流逝，数据的连续性变化。

（不同时间气温的变化）

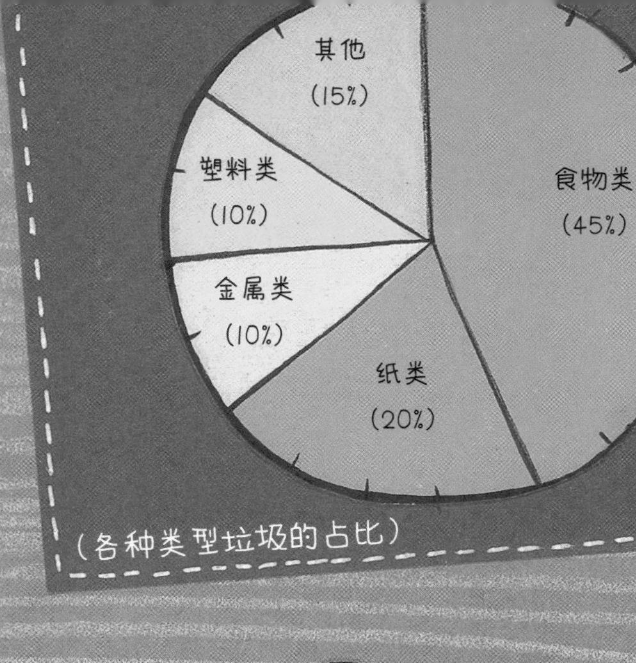

(各种类型垃圾的占比)

扇形图

扇形图是一个圆形的统计图，能够清晰地表现出各个种类在整体中所占的比例。在需要了解某一种类占比多少时，选用扇形图更为合适。

条形图

条形图用条形的长短来表示数量的多少，在需要了解某一种类的具体数量时，选用条形图更为合适。

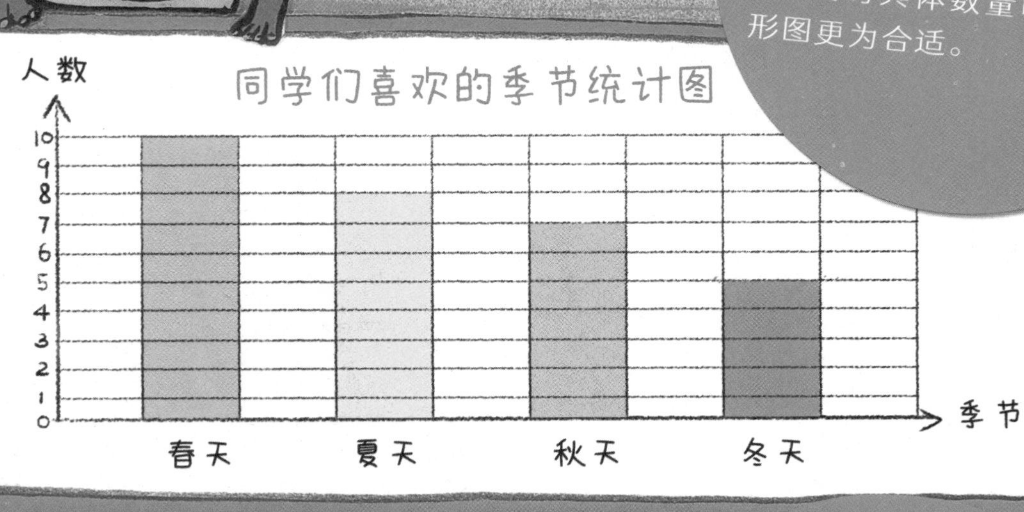

老师办公桌上的日历怎么会在这里？我们快跟上去看看！

日历中的秘密

日历是日常生活中方便我们了解日期的好帮手。当日历的一角不小心被撕毁，或是某一处的字迹模糊不清时，我们怎样才能判断出那一处是几号、星期几呢？

开动脑筋的时间到了，在下图的日历中，日期显示得并不完整，你知道红色圆点所在的位置是这个月的几号吗？

身体力行 学习数学
《制作指印日历》
X月
日 一 二 三 四 五 六
❶ 在纸上画一个空白的日历表，在第一行写上星期，也可以直接使用 63 页的日历模板。
X月
日 一 二 三 四 五 六
❷ 翻开家里的日历，看看下个月的 1 号是周几？用大拇指蘸上颜料，从 1 号开始印上指印，一直到这个月的最后一天。
X月
日 一 二 三
❸ 在每个指印上写上数字，下个月的指印日历就做好了。
概念梳理
每 7 天，一星期就会重复一次。在日历中，每向右走 1 格，数字就会大 1，而每向下走 1 格，数字就大 7，这就是日历中暗藏的规律。
那样数太复杂，
想想刚才说的规律。
7 号向下两格就是红色圆点，
所以加上 7，再加 7，
应该是 21 号。
14
21
28
35

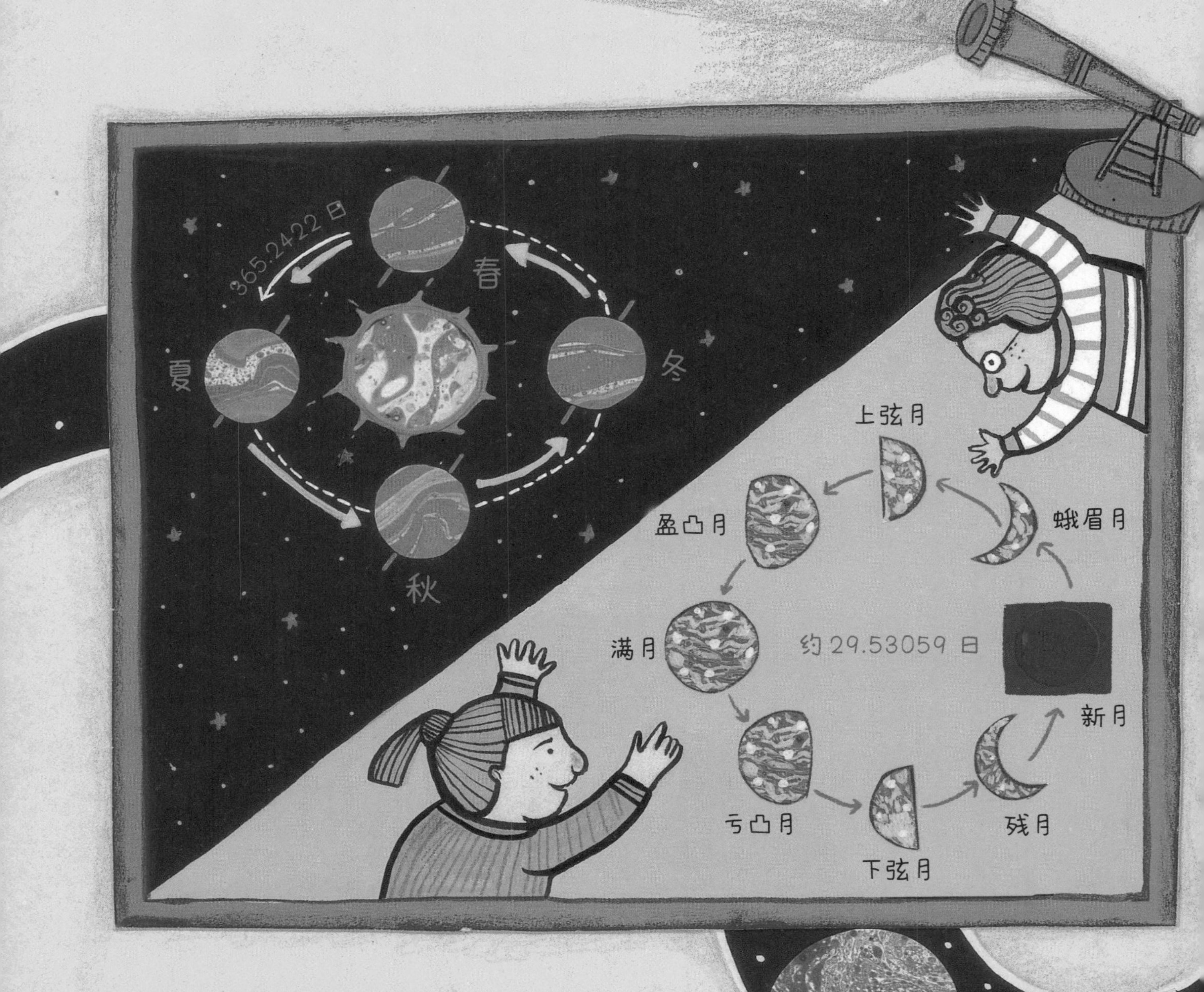

阳历和阴历有什么不一样?

阳历以地球绕太阳一周的时间为一年，约为365.2422 日左右。阴历以月亮绕地球一周的时间为一个月，月亮从新月开始，依次变为蛾眉月、上弦月、盈凸月、满月、亏凸月、下弦月和残月后，又重新回到新月，这一过程所用的时间约为 29.53059 日。

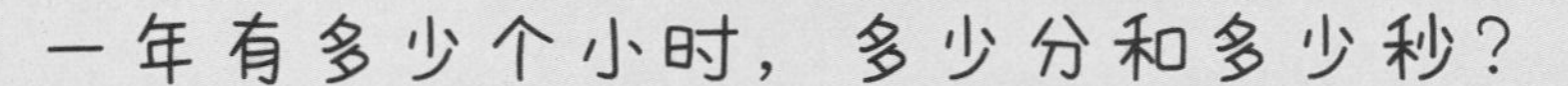

一年有多少个小时，多少分和多少秒？

一年有 365 天，一天有 24 小时。所以 365 个 24 小时就是这一年的小时数。学过乘法后，这个问题就会变得很容易。

24（时）×365（日）
=8760（时）

一年有 8760 小时，一小时有 60 分钟，因此再次两数相乘，我们就会得出答案。

60（分）×8760（时）
=525600（分）

一年有 525600 分钟，一分钟有 60 秒，所以一年有多少秒呢？

60（秒）×525600（分）
=31536000（秒）

日历里还有哪些神奇的规律？

以日历上的一格为单位，随意圈出一个九宫格，你发现什么秘密了吗？把九宫格里的 9 个数字相加，和为 90，这正好是九宫格中心位置的数字乘 9 后的得数。另外，再次找到九宫格中心位置的数，它左右两边的数之和正好是中心数的两倍。快去日历上圈一圈，算一算吧！这就是日历中隐藏的又一有趣的规律。

这里有一大串数字，
会是什么意思呢？

思考

条形码的秘密

当我们在超市结账时，收银员用扫码枪对着商品外包装上的条形码一扫，就能知道这个商品的价格等信息。你仔细观察过这些条形码吗？它们通常是白色底的长方形，上面有许多黑色的竖线，下面是一排 13 个数字，最后一位数字叫作“校验码”，用来检验前面 12 个数字是否正确。你知道怎样才能算出一个条形码的校验码吗？

计算校验码的步骤：

1. 把所有奇数位上的数字相加，和为 a；
2. 把所有偶数位上的数字相加后乘以 3，得到 b；
3. 用 a+b ；
4. 取第 3 步中得数个位上的数；
5. 用 10 减去这个个位数，就得到了这个条形码的校验码。

饼干

6 903125 497615

国家代码　厂商代码　商品代码　校验码

校验码的计算方法

① $a=6+0+1+5+9+6=27$

② $b=(9+3+2+4+7+1)\times 3=78$

③ $27+78=105$

④ $10-5=5$

概念梳理

包含多种运算的算式叫作混合运算，在混合运算中，要遵守运算法则。先算乘、除法，再算加、减法；当算式中有小括号时，就要先算小括号里面的。

身体力行 学习数学

《我的专属条形码》

❶ 在纸上画一个自己喜欢的零食包装袋，然后剪下来。

❷ 再在白纸上剪下一个长方形，画上黑色的竖线，贴在包装袋的下方。

❸ 写 12 个自己喜欢的数字当条形码，再算出最后一位校验码并写上，你的专属条形码就做好啦！

想要算出校验码，就要先学会加法、减法和乘法哟！

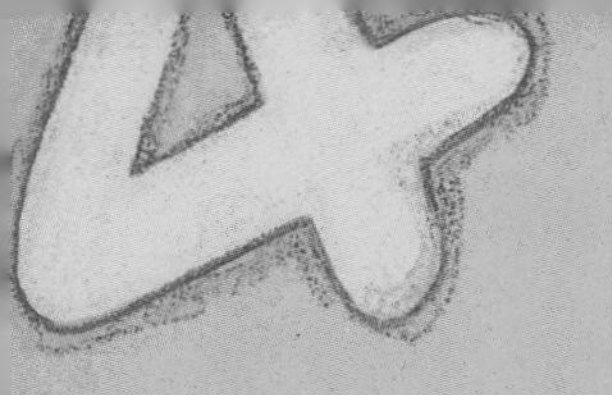

身份证号里的校验码

你知道吗？其实我们的身份证号也和条形码一样，最后一位数字是它的校验码，用来检验前面的数字是否正确。我国的身份证号共有 18 位数，前 6 位表示地址，中间 8 位是出生日期码，再后面 3 位是顺序码，最后一位就是校验码。

校验码可以用统一的公式计算出来，如果算出的值等于 10，就会用罗马数字符 X 来表示，这样就遵循了身份证号只有 18 位的规定。那么，校验码是怎么计算出来的呢？

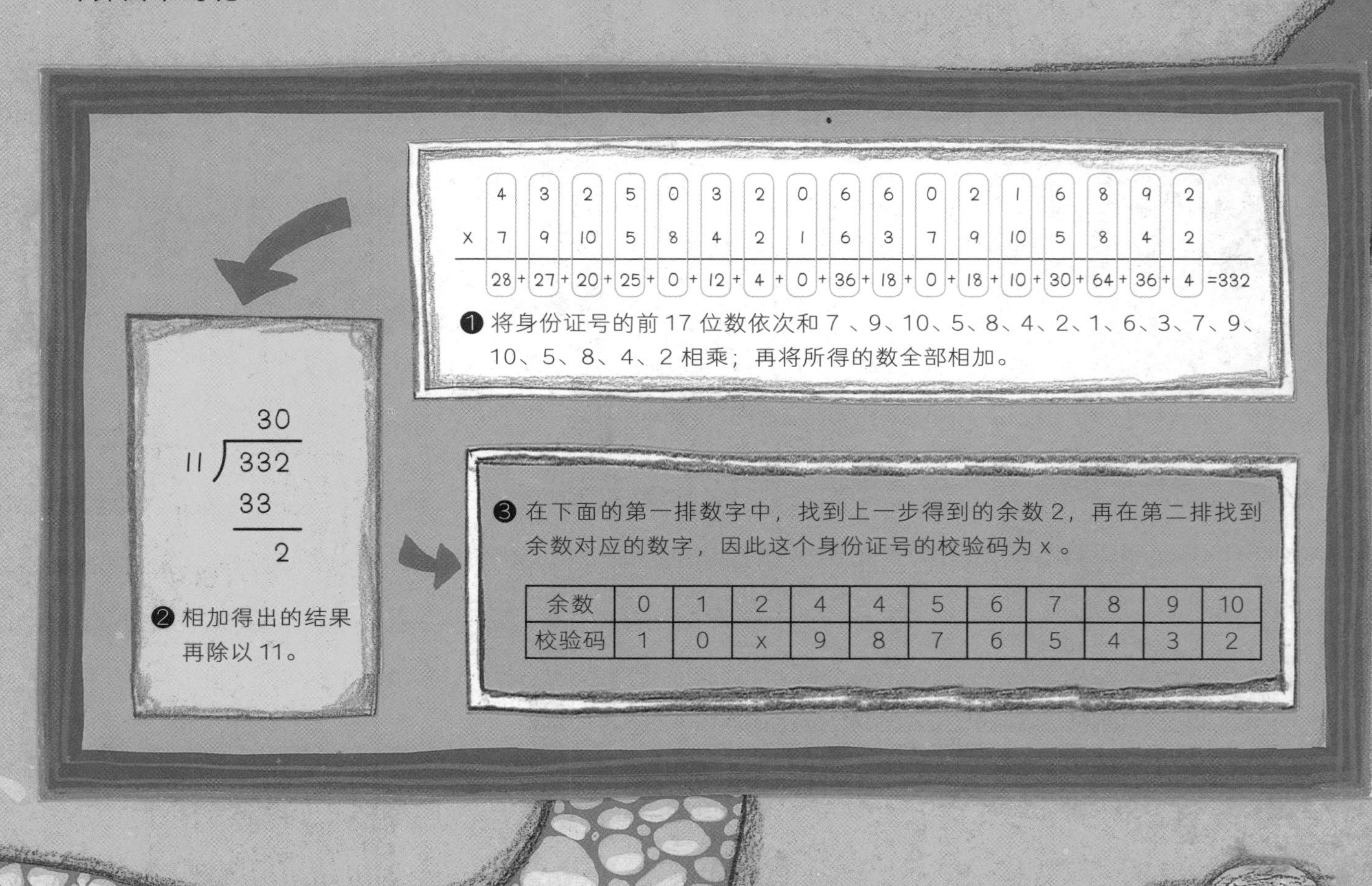

余数	0	1	2	4	4	5	6	7	8	9	10
校验码	1	0	x	9	8	7	6	5	4	3	2

信用卡上也有校验码吗？

爸爸妈妈使用的信用卡上也有校验码，通常在信用卡背面的签名处，后三位斜体的数字就是校验码。校验码主要是在信用卡激活或付款时使用，为了避免意外的财产损失，不要把校验码告诉其他人。

条形码最早是怎么出现的？

早在 19 世纪 50 年代，美国的诺曼 · 伍德兰就提出了条形码的概念，并申请了这一概念的专利，但是当时市场上没有读取代码的方法，所以他的想法没有得以实现。直到 20 世纪 70 年代初，美国工程师乔治 · 劳雷尔开发出了可读取和识别条形码的扫描仪，让伍德兰当初的设想成为了现实。

石头剪刀布的秘密

你知道吗？看似简单的石头剪刀布游戏，也是有世界大赛的！为了取胜，参赛选手们会制定许多战略。因为在石头剪刀布的游戏中，暗藏着“可能情况的个数”，可以进行分析推断。你想知道它到底有多少种可能情况的个数吗？

可能情况的个数是指某件事情可能发生的所有情况的个数。玩石头剪刀布时，需要两个人同时出拳，像这样两件事情同时发生时的可能情况的个数，我们可以像下面的图一样，用配对的方法进行计算。

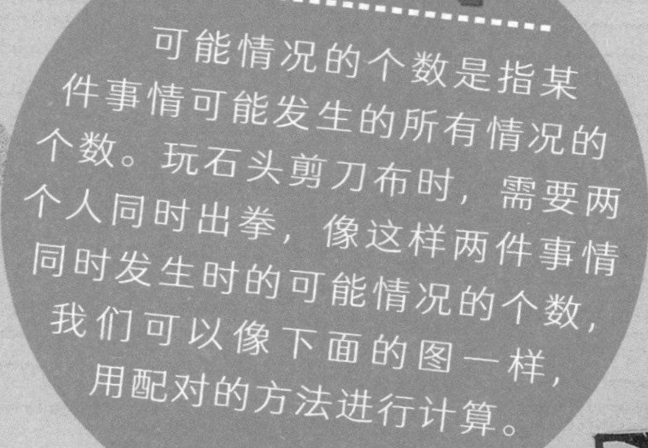

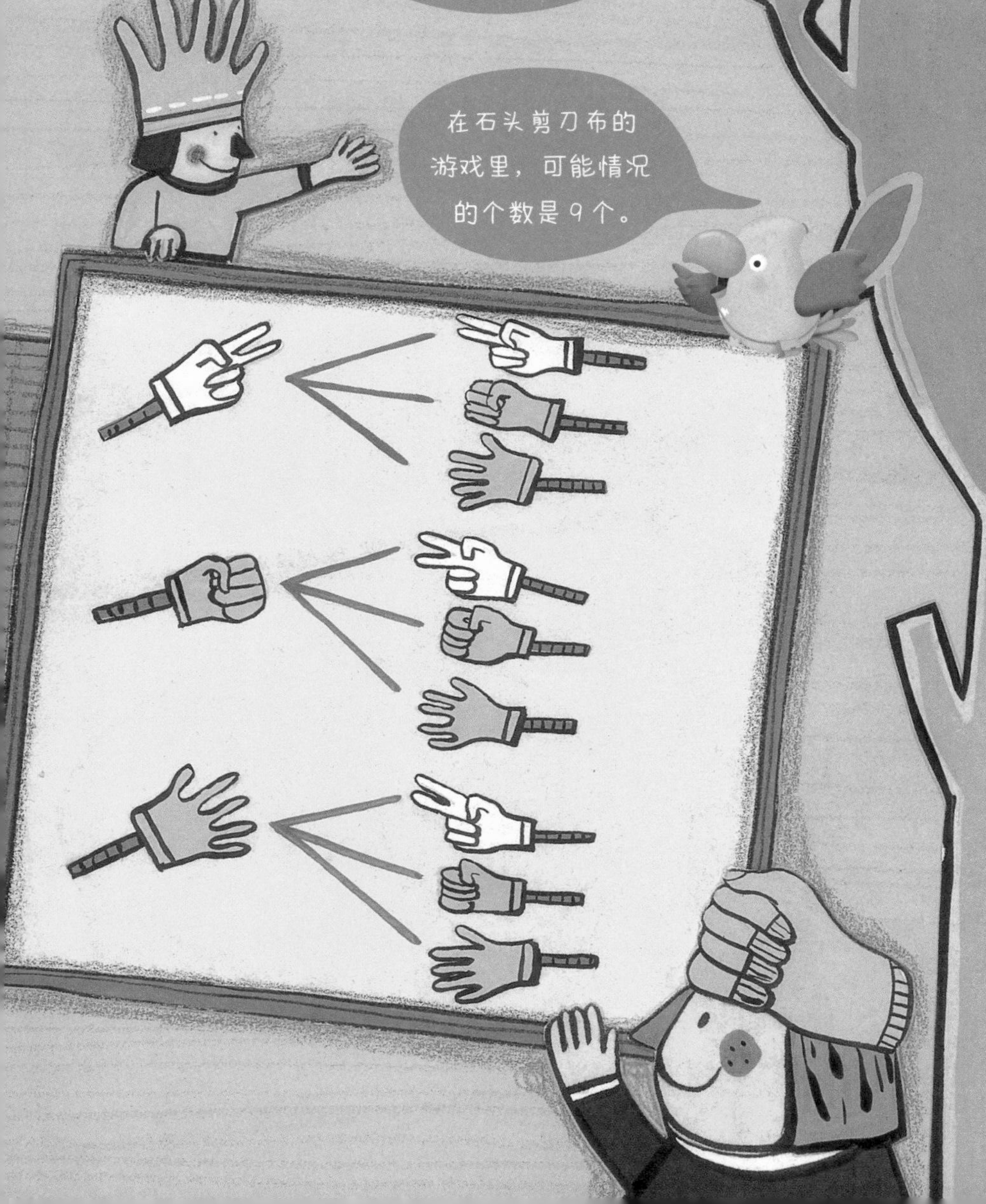

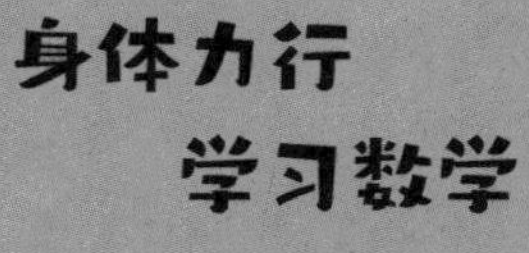

身体力行
学习数学

《搭档游戏》

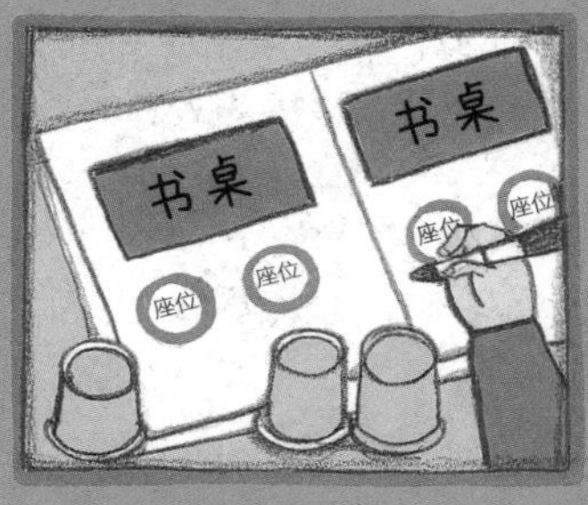

❶ 画两张书桌和4个座位，也可直接使用60页的图纸。

❷ 在一次性纸杯的底面画上4个头像，代表4个小朋友。

❸ 让小朋友们轮流坐在一起，每个小朋友只能和另一个小朋友做一次搭档，请问有几种坐法？可能情况的个数是几呢？

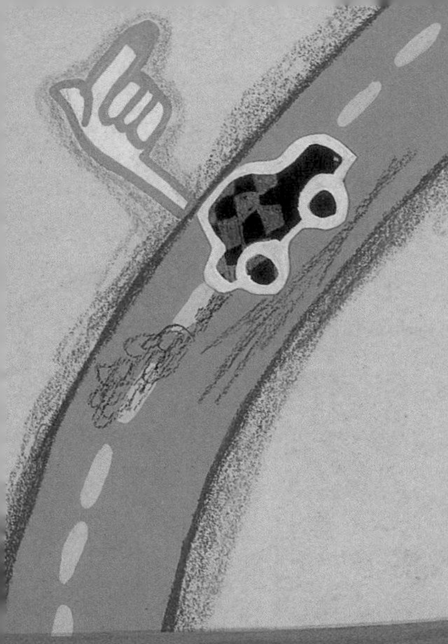

玩石头剪刀布时，最常出的是哪一个？

日本樱美林大学的芳泽光雄教授做过一个实验，他召集725名学生进行了共11567次猜拳，得出的结果是：出剪刀的概率为31.7%，石头35%，布33.3%。可见在游戏中，出石头的最多，接下来是布，最后是剪刀。

有什么容易获胜的秘诀吗？

在石头剪刀布的游戏中，连续两次出同一种拳的概率为22.8%，一直出同一种拳的情况并不多。如果前一次对方出了石头，那么接下来他出剪刀或布的可能性更高。世界石头剪刀布协会把这些内容整理后，总结出了《石头剪刀布获胜的7条法则》，我们一起来看看吧！

《石头剪刀布获胜的7条法则》

1. 如果对方是新手，或不常玩，你可以先出布。
2. 如果对方是经常玩的人，你可以先出剪刀。
3. 如果对方连续两次出了同一种拳，你可以推断他下一次会出其他两种，因为人一般会避免出3次一样的拳。
4. 如果提前说了自己要出什么，那就按照说的出。因为很少有人会相信对手的话并出对抗的拳。
5. 不要给对方思考的时间，人趋向于接着出之前赢了的那个拳。
6. 一边告诉对方什么拳会赢，一边做出来展示给对方看，对方很容易无意识地模仿。
7. 不知道该出什么好时，就出布。

地上有一个圆形、一个三角形和一个正方形，这又是什么呢？

形状的秘密

井盖在我们的生活中随处可见，它们大部分呈圆形，根据下水井的种类不同，井盖上还会写上不同的字予以区分，比如：雨、消、污、阀等。井盖为什么是圆形的呢？因为圆形的井盖最不容易掉下去。另外，圆形的井口与我们的体形相符，方便检修人员进出。

只要井盖比井口稍微大一点，就肯定不会掉下去，更安全！

概念梳理

圆是在同一平面内，以一定长度为距离围绕一个点旋转一圈所得到的图形。这个点叫圆心，圆心到圆周上的线段叫半径；通过圆心，两端都在圆周上的线段叫直径。同一个圆的直径总是相等的，半径也是。

厨房里的锅盖也和井盖的原理差不多呢！

身体力行 学习数学

《磁铁钓鱼》

❶ 在树枝或木棍的一头系上一根吊着磁铁的线，做成鱼竿。

❷ 剪出一些圆形、三角形、正方形等形状的纸片，分别别上金属曲别针。

❸ 和好朋友一起玩这个游戏。一个人说出一件物品的名称，如：电视，另一个人用鱼竿钓起和这个物品形状相似的纸片。

蜂巢为什么是正六边形的？

过着群居生活的蜜蜂，为了最大限度地利用空间，将蜂巢建造成正六边形。因为正六边形可以在一个平面上不留缝隙地紧密排列在一起。通过下面的两幅图我们可以看出，3 个正七边形或 3 个正五边形拼在一起时，都会产生缝隙。

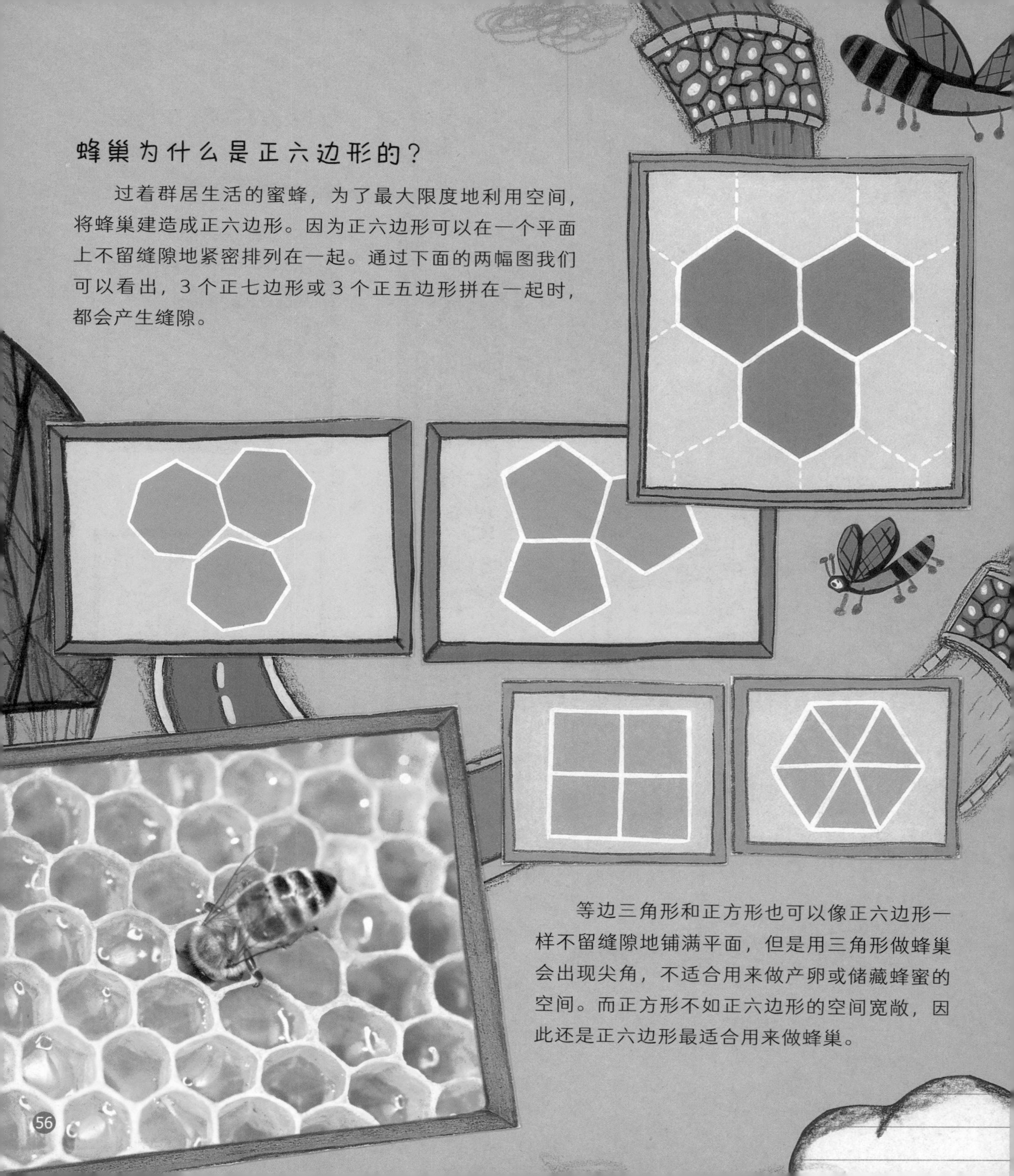

等边三角形和正方形也可以像正六边形一样不留缝隙地铺满平面，但是用三角形做蜂巢会出现尖角，不适合用来做产卵或储藏蜂蜜的空间。而正方形不如正六边形的空间宽敞，因此还是正六边形最适合用来做蜂巢。

装满饮料的箱子还能再放进一瓶吗？

箱子里装着 40 罐可乐，共有 8 列，每列 5 罐。但是还有一罐可乐没有放进去，怎么办呢？看上去已经没有空间可以塞下了。我们可以试着这样做：首先每列放 5 罐，先放 5 列；再在每列之间放进去 4 罐。这样一来，箱子里放了 5 列 5 罐和 4 列 4 罐，共 41 罐，问题解决了。从图 2 中可以看出，有像蜂巢一样的正六边形隐藏在中间。

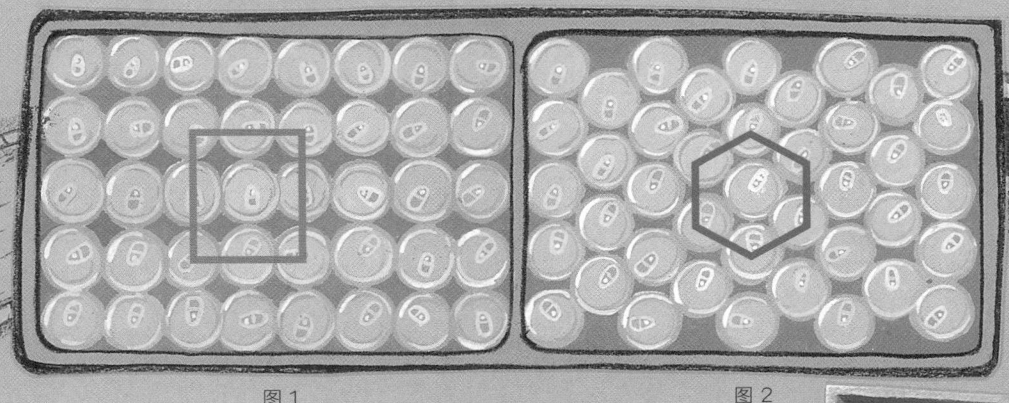

图 1　　图 2

车轮为什么是圆形的？

圆形的车轮与地面摩擦力最小，可以加快行驶的速度；车轮滚动时，如果车轴与地面间的距离能一直保持不变，行驶就会非常平稳，而圆形的车轮正好满足这一条件。车轮发明后，人们测量距离也变得更简单。记录车轮一共转了多少圈，再与车轮的周长相乘，距离就算出来了。

这是老师的书，怎么会在这里呢？我们还是回学校看一看吧！

我们还以为老师
遇到坏人了呢！
嘿嘿，老师一定
是怕我们迷路，
留下了许多线索。
多亏了老师，
我们才有机会体验到
这么好玩的数学大冒险。
特别棒！原来课堂外
还隐藏着那么多数学知识！

数学书
孩子们，实在抱歉，让你们担心了！
其实今天这节课的主题就是
“课堂外的数学”，你们玩得开心吗？
阿虎、小兔、阿狸和小粉追寻老师的足迹四处转了一圈后，又回到了学校。
原来老师是特意留下各种线索，引导他们经历了这次难忘的旅行。

《搭档游戏》

《制作明信片》

沿黑色实线剪下

16.5cm

10.2cm

《制作指印日历》

爱上数学